栽培計画表

年　　　組

名前

品目
栽培する花・野菜の名前

種類
品種名（種や苗を買ったときのパッケージを見てみましょう。）

栽培に使用するもの
プランター、鉢、用土、肥料、支柱　など

グループメンバー

栽培スケジュール
作業項目：種まき・植えつけ・追肥・水やり・植えかえ・収穫・花つみ・種とり　など

	上旬	中旬	下旬
4月			
5月			
6月			
7月			
8月			
9月			
10月			
11月			
12月			
1月			
2月			
3月			

めざせ！栽培名人 花と野菜の育てかた

③ 実を食べる野菜

トマト
ナス
カボチャ

監修 日本農業教育学会

実を食べる野菜 大図鑑

実を食べる野菜には、どんな野菜があるでしょうか。
トマトやナス、カボチャ、キュウリなど、
形や大きさもさまざまな
実を食べる野菜たちを紹介します。

ナスのなかま（ナス科）

実を食べる野菜の多くは、ナス科とウリ科の植物です。ナス科は、めしべとおしべ、5枚の花びらをもつよく似た花を咲かせます。

トマト（→8ページ）

ナス（→22ページ）

ピーマン

シシトウ

トウガラシ

パプリカ

ウリのなかま（ウリ科）

　ウリ科の植物は、おしべだけのついた「お花」と、めしべだけのついた「め花」の、2種類の花を咲かせるのが特徴です。

カボチャ（→32ページ）

キュウリ

ウリ

ゴーヤ

スイカ

オクラはちがうなかまなんだ！

アオイのなかま（アオイ科）

ヘチマ

メロン

オクラ

※ピーマン、キュウリ、ゴーヤ、オクラは「めざせ！栽培名人　花と野菜の育てかた」第2期でとりあげます。

はじめに

　栽培は、わたしたちの祖先から、そして、親から子へと伝わってきた「生きる知恵と文化」です。このシリーズでは、8巻に分けて、さまざまな花と野菜の育てかたを写真やイラストをつかって紹介します。育てたい植物が見つかったら、すぐ外に出て、みんなで協力して栽培に挑戦しましょう。また、育てた花や野菜をつかって、料理や工作、実験などを楽しみましょう。

さあ、栽培名人になるために、

栽培計画を
しっかり立ててから、
栽培をはじめよう。

自分から進んで
土にふれるように
しよう。

植物の観察と
水やりなどの世話を
毎日わすれずしよう。

 このマークがついている本文のことばは、44〜46ページの「栽培の用語集」で説明しています。

もくじ

実を食べる野菜　大図鑑 ……………… 2
実を食べる野菜の基礎知識 ……………… 6

トマト

知ろう ……………………………………… 8

育てよう ………………………………… 10
1. 苗を準備する ……………………… 11
2. 用土を準備する …………………… 12
3. 苗を植えつける …………………… 12
4. 支柱を立てる ……………………… 13
5. わき芽をつみとる ………………… 14
6. 追肥 ………………………………… 14
7. 花房がふえていく ………………… 15
8. 成長を止める ……………………… 16
9. 実がつく …………………………… 17
10. まびき …………………………… 17
11. 赤く熟していく ………………… 18
12. 収穫 ……………………………… 19

楽しもう ………………………………… 20
食べる　トマトスムージー ………………… 20
食べる　丸ごとトマトの和風スープ ……… 21

ナス

知ろう …………………………………… 22

育てよう ………………………………… 24
1. 苗を準備する ……………………… 25
2. 用土を準備する …………………… 26
3. 苗を植えつける …………………… 26
4. 仮の支柱を立てる ………………… 27
5. わき芽をつみとる ………………… 27
6. 3本仕立て ………………………… 28
7. 実がつく …………………………… 28
8. 収穫 ………………………………… 29

楽しもう ………………………………… 30
ためしてみよう！ナスの色はどうかわるかな？ … 30
食べる　揚げナスのマリネ ………………… 31

カボチャ

知ろう …………………………………… 32

育てよう ………………………………… 34
1. 苗を植えつける …………………… 35
2. 支柱を立てる ……………………… 36
3. わき芽をつみとる ………………… 36
4. つるを巻きつける ………………… 37
5. 花が咲く …………………………… 37
6. 受粉させる ………………………… 38
7. 追肥 ………………………………… 38
8. 収穫 ………………………………… 39
カボチャを畑で育てよう ……………… 40

楽しもう ………………………………… 42
食べる　丸ごと1個をつかった
　　　　カボチャのハンバーグ ………… 42
つくる　メッセージ・カボチャ …………… 43

栽培の用語集 …………………………… 44
さくいん ………………………………… 47

実を食べる野菜の基礎知識

トマト、ナス、カボチャ、ピーマン、キュウリ……。これらはどれも、植物の実の部分を食べる野菜。ふだんの食卓にもよくのぼります。ここでは、実を食べる野菜の特徴を見ていきましょう。

● 実を食べる野菜のほとんどは夏野菜

実を食べる野菜のほとんどは、夏に旬をむかえる夏野菜です。なぜかというと、暑い国が原産の植物が多く、温度が高いときによく育つからです。日本では、5月ごろに苗を植えつけると、夏に実を収穫できます。

● 実を食べる野菜の花

植物が花を咲かせるのは、種をつくって、その種でなかまをふやしていくためです。それぞれの野菜がどんな花を咲かせるか、見てみましょう。

●オクラ

野菜も、こんなにきれいな花を咲かせるんだ！

●カボチャ
お花　　め花

ウリ科の野菜は、お花とめ花を咲かせるよ。

●ゴーヤ
お花　　め花

●トマト

●ナス

花が実になる

　植物の実をつくるはたらきをするところは、花の中にあるおしべ（お花）とめしべ（め花）です。おしべ（お花）でつくられた花粉がめしべ（め花）につく（受粉）と、めしべ（め花）のつけ根にある子房がだんだんふくらんで、実になります。そして、その実の中に種ができます。

●ピーマンの花

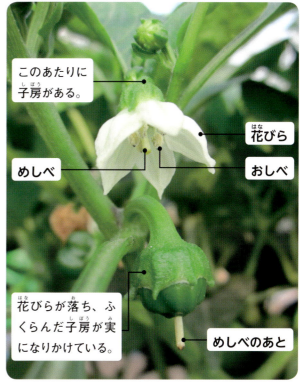

このあたりに子房がある。
花びら
めしべ
おしべ
花びらが落ち、ふくらんだ子房が実になりかけている。
めしべのあと

実を食べる野菜を半分に切ると、中に種があることがよくわかる。

7

トマト

太陽の光をたっぷり浴びて育ったトマトは、おいしいだけでなく、栄養もたっぷり。日本でよく食べられるようになってから100年もたっていない野菜ですが、いまでは人気の高い野菜のひとつになっています。

知ろう

トマトは、ナスやピーマンと同じナス科の野菜。世界にはたくさんの品種があり、赤くて丸いトマトだけではなく、いろいろな色、形のものがあります。

茎・葉・花・実を見てみよう

トマトの茎は、葉をしげらせ、花をつけながら、どんどん上にのびていきます。葉の形や実のつきかたをよく観察しましょう。

葉
切れこみのあるちょっと複雑な形。

花
黄色いトマトの花。トマトの花は数個から10個くらいが1つの房（花房）になってつく。

花びら / おしべとめしべ

知ろう トマト

トマトの原産地

トマトの原産地は、南アメリカのアンデス山脈の高地。ヨーロッパに16世紀ごろ伝わり、日本には江戸時代の初期（17世紀中ごろ）に伝わってきました。しかし、ヨーロッパでも日本でも、最初は観賞用でした。日本で食用の野菜として広まったのは、江戸時代からずっとあとの昭和時代に入ってからです。

トマトの種類

トマトには、ふつうの大きさの大玉トマトと小さなミニトマトがあります。日本で栽培されている大玉トマトには、桃太郎やファーストなどの品種があります。最近は日本でも、いろいろな形のミニトマトが栽培されるようになりました。また、色は、赤や黄、オレンジ、緑のもののほか、しまもようの入ったものもあります。サンマルツァーノという細長い形のトマトは、おもにトマトジュースやケチャップなどの加工用につかわれます。

実
できて間もない青い実と熟してきた赤い実。トマトの実は1つの花房に3〜4個以上できる。

茎
重い実をささえるため、太くてしっかりしている。

桃太郎　ファースト　グリーンゼブラ

サンマルツァーノ　ミニトマト

どれもおいしそう！

育てよう

トマトは、日当たりや風通しのよい場所で育てましょう。トマトを種から育てるのはむずかしいので、ここでは苗からの育てかたを紹介します。

栽培カレンダー

トマトは寒さに弱いので、霜の心配がなくなる4月下旬～5月中旬ごろに植えつけましょう。そうすれば、7月から9月ごろまでの長い間、実をつけます。

	植えつけ	収穫
1月		
2月		
3月		
4月	🌱	
5月	🌱	
6月		
7月		🍅
8月		🍅
9月		🍅
10月		
11月		
12月		

※地域や品種によって多少のちがいがある。

準備するもの

- **トマトの苗**

- **鉢**
  10号（直径30cm）くらいの鉢
  ※鉢の場合は苗を1本しか植えられないので、2本植えたいときは、横の長さが60cm以上あるプランターをつかう。

- **鉢の底穴をふさぐネット**

- **鉢底石**

- **支柱**
  長さ1.5mぐらいのもの

- **結束ひも**
  麻ひもやビニールひも

- **用土**
  赤玉土10、腐葉土3の割合でまぜた土

  赤玉土 10　腐葉土 3

  ※「野菜の土」として園芸店で売られている培養土を使用してもよい。

- **元肥**
  苦土石灰　ひとにぎり
  化成肥料　ひとにぎり

- **追肥**
  液体肥料

❶ 苗を準備する

トマトは種から育てることもできますが、苗を買ってきて植えつけるのが一般的な方法です。トマトが大きく元気に育つように、よい苗を選びましょう。

よい苗を選ぶポイントをおぼえよう。

よい苗

- 最初の花房（→8ページ）がついている。
- 節＊と節の間がつまっている。
- 茎が太くてしっかりしている。
- 緑が濃く、みずみずしい葉が6〜7枚ついている。
- 子葉（ふた葉）がかれずにのこっている。

観察しよう　子葉と本葉

子葉というのは、種をまいて最初に出てくる葉のことです。トマトの子葉は2枚なので、ふた葉ともよびます。子葉のあとに出てくる葉を本葉といい、子葉とは形がちがいます。どうちがうか観察しましょう。

こんな苗を選んではだめだよ。

- 子葉がかれてしまっている。
- 茎がひょろひょろしている。
- 節と節との間がまのびしている。
- 葉が黄色っぽく、元気がない。

悪い苗

＊茎から葉が出ているところ。

❷ 用土を準備する

1. 苗を植えつける2週間前に、赤玉土と腐葉土、苦土石灰をよくまぜて用土をつくっておきます。

2. 1週間後に、用土に化成肥料を加えてよくまぜます。かたまりがのこらないように、しっかりとまぜましょう。

❸ 苗を植えつける

1. 鉢の底穴をネットでふさぎ、鉢底石をならべてから、準備しておいた用土を鉢の半分まで入れます。

2. ポリポットをさかさまにして、苗を手のひら全体で受けとるようにして、苗をとりだします。

3. 苗を鉢に入れ、まわりのすきまにのこりの用土をつぎたします。そして、苗の根元を手で軽くおさえます。

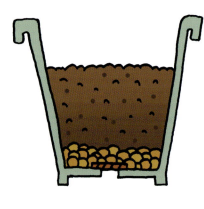

育てかたのコツ

水やり

植えつけが終わったらすぐに、たっぷりと水をやります。このとき水は、苗全体にかけるのではなく、根元にかけるようにします。土がかわかないように、毎日水やりしましょう。

水やりは午前中にするほうがいいんだって。

育てよう トマト

❹支柱を立てる

　苗を植えつけたら、支柱を、花房がついている側とは反対側に、根元から3cmほどはなして立てます。そして、茎と支柱を、ひもで8の字にゆるくむすびます。

これで、植えつけ完了！

支柱は、鉢の底までとどくぐらいおしこみ、しっかり立てる。

茎は成長するにつれてだんだん太くなるので、ゆとりをもたせて、8の字にゆるくむすぶ。

育てかたのコツ
太陽の光が大好きなトマト

　トマトの苗は、よく晴れた日に植えつけるようにしましょう。そのほうが、苗の根つきがよくなります。また、植えつけの終わった鉢は、日の当たる南側の、風通しのよい場所に置くようにしましょう。

❺わき芽をつみとる

　よい実をみのらせるために、葉のつけ根から出る芽（わき芽）はすぐにつみとって、中心の茎（主枝）1本だけをのばすようにします。これを「1本仕立て」といいます。

　わき芽は出たらすぐ、手でつみとります。つみとるときに雑菌が苗に入るといけないので、手は石けんでよく洗ってからつみとりましょう。

❓ なぜ、わき芽をつみとるの？

　葉のわきからのびてくるわき芽をほうっておくと、葉がしげりすぎて風通しが悪くなり、病気になったり、実がいたみやすくなったりするからです。また、栄養分が分散してしまい、おいしい実ができなくなるからです。

わき芽って、これなんだ！

❻追肥

　苗を植えつけて2〜3週間たったら、1週間に1回、追肥として液体肥料をあたえます。液体肥料は、説明書のとおり、水でうすめてつかいましょう。

ちょっとアドバイス
液体肥料は、茎に直接かけるのではなく、茎のまわりの土にまくようにしましょう。

育てよう トマト

❼花房がふえていく

茎がのびていくとともに、最初の花房（1段目の花房）のつぎに葉が3枚出ると、2段目の花房が出てきます。そして、また3枚の葉が出ると、3段目の花房が出ます。

おもしろい！花房はみんな、同じほうに出てる。

観察しよう 葉と花房の出る向き

トマトの花房は、かならず1段目の花房と同じほうに出ます。それは、3枚の葉と1つの花房が、①葉→②葉→③葉→④花房の順で90度ずつずれて出てくるからです。自分の目でたしかめてみましょう。

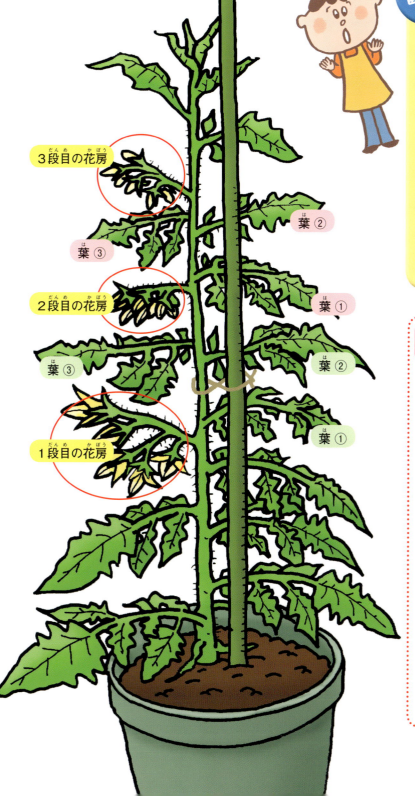

注意しよう！ トマトの病害虫

トマトにアブラムシがつくことがあります。アブラムシは葉や茎、花の養分を吸ってしまううえ、病気の菌をもっていることもあります。アブラムシを見つけたら、すぐにとりのぞくようにしましょう。また、トマトは湿気に弱いので、梅雨の時期などは病気にかかりやすくなります。わき芽をしっかりとり、風通しをよくすることがたいせつです。

葉のうらについたアブラムシ。

❽成長を止める

　大玉トマトの場合は、下から数えて4段目の花が咲いたら、その上の葉を2枚のこして茎の先端をつみとります。大きなトマトを実らせるため、茎の成長を止めるこの作業を「摘心」といいます。

　ミニトマトの場合は、実が小さいので、7段目ぐらいの花が咲くまで成長させてから摘心してもだいじょうぶです。

●先端をつむ

のこす葉

のこす葉

4段目の花

観察しよう　トマトの背の高さ

トマトの主枝はどれぐらい成長するでしょうか。摘心する前に、トマトの背の高さをはかっておきましょう。

注意しよう！　わき芽

摘心したあと、わき芽がよく出るようになるので、14ページ❺のようにして、こまめにつみとりましょう。

ずいぶん背が高いね！

❾ 実がつく

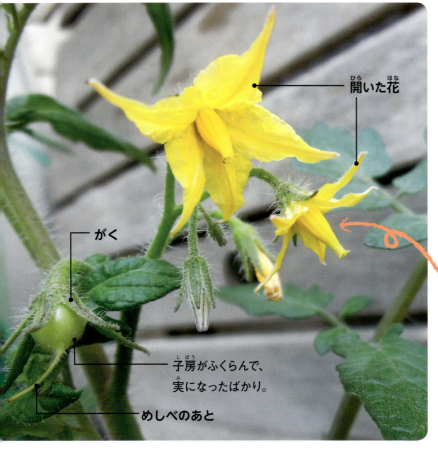

- 開いた花
- がく
- 子房がふくらんで、実になったばかり。
- めしべのあと

トマトは、1つの花房に数個から10個くらいの黄色い花を咲かせます。おしべの花粉がめしべにつくと受粉がおこなわれ、子房が大きくふくらんで、やがて実になります。

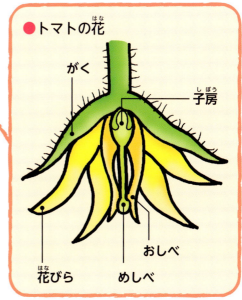

●トマトの花
- がく
- 子房
- おしべ
- めしべ
- 花びら

❿ まびき

花がすべて実になると、1つの花房に実がいくつもついて、栄養がいきわたらなくなります。そのため、実を太らせるために、4～5個をのこしてほかの実をつみとります。この作業を「まびき」といいます。

ミニトマトの場合は、実が小さいのでまびく必要はありません。

ちょっともったいないかな？

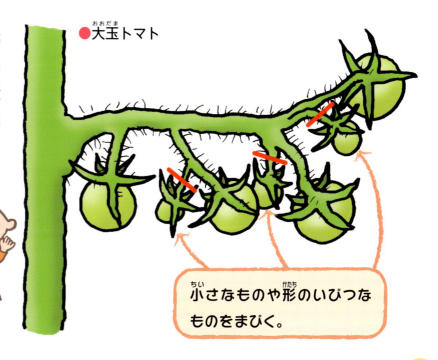

●大玉トマト

小さなものや形のいびつなものをまびく。

17

⑪ 赤く熟していく

トマトの青い小さな実は、1段目の花房から順番におよそ30〜40日かけてだんだん大きくなり、赤く熟していきます。1つの花房の実は、茎に近いほうから順に赤くなります。

> いちばん上はまだ花なのに、1段目の実はもう赤くなっている！

鈴なりに実がついたミニトマト。

育てかたのコツ

しきワラ

梅雨が明けて日ざしが強くなってきたら、根元にワラ*をしき、土がかわくのをふせぎましょう。土がかわくと、根が水分を吸いあげられなくなり、トマトの実がわれてしまうことがあるからです。

ワラが手に入らないときは、かわりに腐葉土を2cmほどしくとよい。

*イネなどの茎を乾燥させたもの。

⑫収穫

へたのギリギリまでしっかり赤く色づいたトマトを、ハサミで切って収穫しましょう。トマトは夜のうちに糖分が実にたまるので、朝早く収穫したほうが、甘くておいしいトマトが味わえます。

> はじめての収穫！
> みんなで分けて
> 食べよう。

育てかたのコツ

下葉かきをする

収穫がはじまったら、収穫の終わった花房より下の葉をすべてとってしまいましょう。この作業を「下葉かき」といいます。これは、病害虫をふせぐためのだいじな作業です。

楽しもう

自分で育てて収穫したトマトの味は、最高！　トマトはそのまま生で食べるのがいちばんですが、工夫しだいでいろいろな料理につかえます。

食べる

トマトスムージー

さわやかで、ちょっぴり甘い「トマトスムージー」をつくりましょう。
冷凍トマトをつかえば、氷なしでかんたんにつくれます。

これは便利だ！

材料（2人分）

冷凍トマト	2個
牛乳	200mL
ハチミツ	小さじ2（好みで）
レモン（うす切り）	1枚
ミントの葉	2枚

つくりかた

❶ 冷凍しておいたトマトを水につけて皮をむき、へたもとってから、ざく切りにする。

❷ 切ったトマトと牛乳、ハチミツをミキサーに入れて、よくまぜる。

❸ ❷をグラスにそそぎ、レモンのうす切りとミントの葉をかざれば、できあがり。

冷凍トマト

どっさりトマトが収穫できて、一度に食べきれないときは、冷凍しておきましょう。よく洗ったトマトを丸ごとフリーザーバッグに入れて、冷凍庫で凍らせるだけ。冷凍トマトは、水で洗うだけで皮がかんたんにむけるので、ソースや煮こみ料理につかうときにも便利です。

食べる 丸ごとトマトの和風スープ

トマトにはうまみがいっぱいつまっています。
生のトマトを丸ごと、うまみたっぷりの
一番だしで煮たスープは2倍おいしい！

赤いトマトがあざやか！

材料（2人分）

- トマト………………………2個
- 一番だし……………………2カップ
- 塩……………………………小さじ1/2
- うすくちしょうゆ…………少々
- 白ネギ（かざり用）………少々

つくりかた

❶ トマトはへたの部分を切りとり、熱湯にさっとくぐらせて冷水にとり、皮をむく。

❷ なべにだしを入れて火にかけ、塩とうすくちしょうゆで味つけする。

❸ なべにトマトをそっと入れて、2〜3分間、弱火で煮る。

ちょっとアドバイス
トマトの形がくずれるので、強く煮立てないようにしましょう。

❹ 白ネギを細く切り、水にさらしてからみをぬく。

❺ トマトの形をくずさないように器にもりつけ、だしをそそぐ。最後に白ネギをのせれば、できあがり。

一番だし

一番だしは、つぎの手順でとる和食の基本のだしです。
①水をなべに入れ、こんぶを3時間ほどつけておく。
②なべを火にかけ、煮立つ寸前にこんぶをとりだす。
③火を弱め、かつお節を入れて、すぐに火を止める。
④③を静かにこしとった汁が一番だし。

ナス

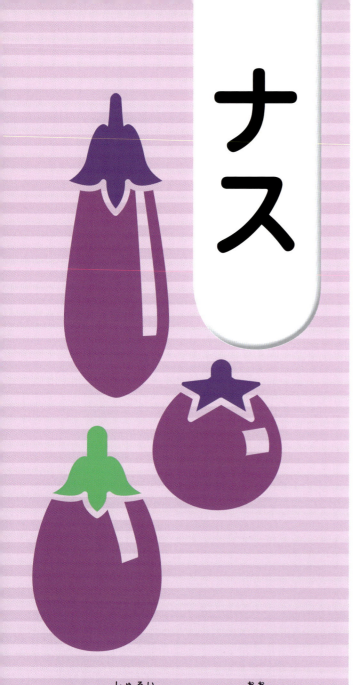

ナスの種類はとても多く、日本でも古くから各地で個性のある品種が育てられてきました。ナスの実はほとんどが水分。栄養はすくないけれど、体を冷やす効果があり、春から夏によく食べられています。

知ろう

あざやかなむらさき色をしたみずみずしいナスは、代表的な夏野菜のひとつです。あっさりとした味の野菜なので、いろいろな料理につかわれています。

茎・葉・花・実を見てみよう

ナスは、根から水をぐんぐん吸って、やわらかくておいしい実をつくります。葉の生えかたや花の向きを、よく見てみましょう。

葉

日光がよく当たるように、茎からたがいちがいに生えている。

葉脈

花

実と同じように、あざやかなむらさき色の花を咲かせる。花は、やや下向きについている。

知ろう ナス

実
みずみずしいナスの実は皮がつるつるしている。へたにはするどいトゲがあるので、指にささらないよう、気をつけよう。

ナスは、花も茎も、葉の葉脈も、全部むらさき色ね！

ナスの原産地

ナスの原産地はインドで、高温を好む野菜です。現在の生産量世界一の国は中国です。日本国内では、高知県がいちばん生産量が多く、つぎに多いのが熊本県や福岡県となっています。南のあたたかい地域のほうが、ナスの栽培に適していることがわかります。

ナスの種類

ナスの種類は多く、世界では1000種以上あるといわれています。日本でも、よく見かける長卵形のナスのほかに、長ナスや丸ナス、大きくてへたが緑色の米ナスなどもつくられています。白いナスや、しまもようのナスもあります。

白いナス　長ナス　丸ナス　米ナス　しまもようのナス

茎
重みのあるナスの実をささえるため、茎はかたくてしっかりしている。

育てよう

ナスは、太陽の光と水が大好きで、寒いのがきらいな野菜です。低温と乾燥に注意して育てましょう。
ここでは、鉢で苗から育てる方法を紹介します。

栽培カレンダー

ナスは寒さに弱く、生育に適した温度は20〜30℃なので、十分あたたかくなってから植えつけましょう。じょうずに育てれば、長期間たくさんの実をつけてくれます。

	植えつけ	収穫
1月		
2月		
3月		
4月		
5月	🌱	
6月	🌱	
7月		🍆
8月		🍆
9月		🍆
10月		🍆
11月		
12月		

※地域や品種によって多少のちがいがある。

準備するもの

- ● ナスの苗
- ● 鉢
  10号（直径30cm）くらいの深めのプラスチック鉢
- ● 鉢の底穴をふさぐネット
- ● 鉢底石
- ● 支柱
  長さ60cmくらいのもの　1本
  長さ1mくらいのもの　3本
- ● 結束ひも
  麻やビニール製
- ● 用土
  赤玉土10、腐葉土3の割合でまぜた土

赤玉土 10
腐葉土 3

※「野菜の土」として園芸店で売られている培養土を使用してもよい。

- ● 元肥
  苦土石灰　ひとにぎり
  化成肥料　ひとにぎり
- ● 追肥
  液体肥料

１ 苗を準備する

ナスは種から育てることもできますが、苗を買ってきて育てるのが一般的な方法です。ナスを大きく元気に育てるためには、よい苗選びがたいせつです。選びかたのポイントをおぼえておきましょう。園芸店で売られている「つぎ木苗」を選んでもいいでしょう。

よい苗

- 葉が大きくて厚みがあり、色つやがよく、しっかりと上向きについている。
- 節＊と節の間がつまっている。
- 茎が太くてたくましい。

へえー、そんな便利な苗があるんだ！

つぎ木苗とは

ナス科の野菜は、同じ場所に続けて栽培すると生育が悪くなる性質があります。これを「連作障害」といいます。それをふせぐために、ナスは「つぎ木苗」がよくつかわれます。つぎ木苗とは、根の部分（台木）に病気や害虫に強い品種やほかの植物をつかい、地上部の実がなる部分（穂木）にはおいしい実がなる品種をつかって、それを茎の部分でつぎあわせてつくった苗のことです。

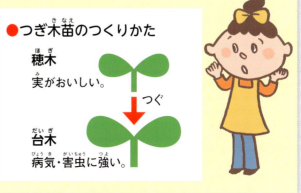

●つぎ木苗のつくりかた

穂木　実がおいしい。

↓つぐ

台木　病気・害虫に強い。

＊茎から葉が出ているところ。

❷用土を準備する

苗を植えつける2週間前に、赤玉土と腐葉土、苦土石灰をまぜ、1週間前には化成肥料をよくまぜて用土をつくっておきます。

ちょっとアドバイス
かたまりがのこらないように、しっかりとまぜましょう。

❸苗を植えつける

1 12ページのトマトの植えつけのように、鉢の底穴をネットでふさぎ、鉢底石をならべてから、準備しておいた用土を鉢の半分まで入れます。

2 苗をポリポットからぬいて、鉢に入れます。そして、苗のまわりのすきまにのこりの用土を入れ、表面を手でおさえます。

苗には、前日にたっぷり水をやっておくといいんだって。

育てかたのコツ

ナスは水が大好き

ナスの実はほとんどが水分。育てるときに水を十分やることが、おいしいナスをつくるコツです。土がかわかないように気をつけて、雨の日以外は毎日水やりをしましょう。

❹ 仮の支柱を立てる

　苗を植えつけたら、苗の根元から3cmほどはなして支柱を1本立てます。そして、茎と支柱をひもで8の字にゆるくむすんでおきます。鉢はできるだけ日光のあたる南側の、風通しがよく、あたたかい場所に置きましょう。

8の字のむすびかたは、トマトでもやったね。

ちょっとアドバイス

あまりにも日ざしが強い日は、しきワラ(→18ページ)をしたり、鉢を日かげに置くなど、工夫しましょう。

❺ わき芽をつみとる

　植えつけをして1か月ほどたって一番花（いちばん最初に咲く花）がついたら、一番花の下の2本のわき芽をのこし、それより下のわき芽は全部つみとります。これを「わき芽かき」といいます。

　わき芽をつみとらずにそのままほうっておくと、葉や枝がしげりすぎて、風通しや日当たりが悪くなってしまいます。そのため、わき芽かきはだいじな作業です。

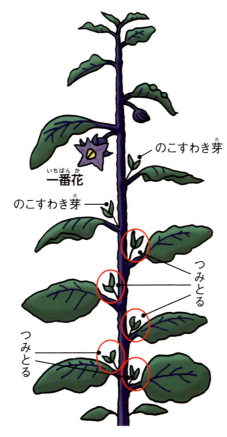

わき芽かきをするときは、茎をきずつけないように気をつけよう。皮がはがれてしまうと、そこから雑菌が入って病気になってしまうかもしれない。

❻ 3本仕立て

主枝（一番花のついたいちばん太い枝）と、わき芽かきをしてのこした2本の枝の3本で、ナスを育てることを「3本仕立て」といいます。茎と3本の支柱をひもで8の字にむすんで、しっかりと固定します。

3本の支柱は、枝がのびる方向にあわせて立てるんだね。

❼ 実がつく

ナスの花のおしべから花粉が出て、中央のめしべの柱頭につくと、めしべのつけ根にある子房がふくらんで、実になります。

育てかたのコツ

ナスは「肥料食い」

ナスは「肥料食い」といわれるほど肥料を必要とするので、収穫が終わるまで、1週間から10日に1回、液体肥料をあたえるようにしましょう。ただし、一度にあたえると、根をいためてしまいます。肥料は、何回かに分けてこまめにあたえましょう。

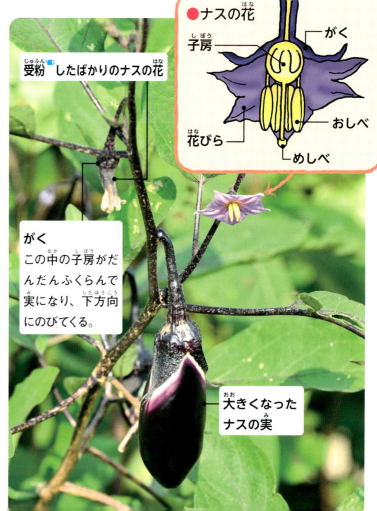

●ナスの花
子房／がく／花びら／おしべ／めしべ

受粉したばかりのナスの花

がく
この中の子房がだんだんふくらんで実になり、下方向にのびてくる。

大きくなったナスの実

 育てよう ナス

❽ 収穫

ナスは、花が咲いてから15日ぐらいたつと収穫できます。毎日観察して、実があまり大きくなりすぎないうちに収穫しましょう。大きくなりすぎてしまうと、色つやが悪くなったり実がかたくなったりします。収穫するときには、へたのするどいトゲに注意して、ハサミで切りとりましょう。

へたの上にハサミを入れて切りとるのね。

注意しよう！ ナスの害虫

ナスも、アブラムシ（→15ページ）やニジュウヤホシテントウなど、いろいろな害虫にねらわれます。空気が乾燥すると虫が発生しやすくなるので、注意して毎日観察しましょう。

葉を食べるニジュウヤホシテントウ。

育てかたのコツ

枝を切りつめる

7月下旬になると、枝がこみあい、成長がおそくなってきます。そこで、3本の枝とも、葉を2～3枚のこして枝の先を切りつめて、ナスを休ませましょう。その後もしっかり肥料と水をあたえておくと、新しい枝や葉がのびてきます。1か月後くらいには秋ナスを収穫できるようになります。

楽しもう

自分で育てて収穫したナスをつかって、いろいろな料理をつくってみましょう。ナスをつかった実験にもチャレンジしてみましょう。

どんな実験かな？

ためしてみよう！ ナスの色はどうかわるかな？

ナスで色水をつくり、おもしろ実験をしてみましょう。

用意するもの

- ナス
- サンドペーパー
- 酢（またはレモン汁）
- 重そう水（重そうをとかした水）
- 漂白剤

やりかた

❶ サンドペーパーでナスの皮に傷をつけ、水の中でこすると、むらさき色の液になる。

❷ できあがったむらさき色の液を、20mLずつ3つのカップに入れる。

❸ 酢、重そう水、漂白剤を、それぞれ20mLずつ❷の3つのカップに加えると、色が下のようにかわるので、そのようすを観察する。

酢

重そう水

漂白剤

？ なぜ色がかわるの？

ナスの皮がむらさき色なのは、アントシアニンという色素をもっているからです。この色素は、酢など酸性のものでは赤やピンクに、重そうや漂白剤などアルカリ性のものでは、その度合いによって青・青緑や黄緑・黄色にかわる性質があるのです。

色がかわった！

楽しもう ナス

食べる 揚げナスのマリネ

ナスは油との相性バツグン！
高温でさっと揚げてから、
マリネ液にひたすだけの
かんたんレシピです。

材料（4人分）

ナス	5～6個
揚げ油	適量
マリネ液	
酢	大さじ2
めんつゆ	大さじ2
砂糖	大さじ1
ゴマ油	小さじ1

つくりかた

❶マリネ液の材料をよくまぜておく。

❷ナスは乱切りにして、すぐに180℃に熱した油で素揚げし、キッチンペーパーにとる。

皮をむかずに調理

あざやかなむらさき色の皮には、からだにいい成分がふくまれているので、できるだけ皮をむかずに調理しましょう。

ちょっとアドバイス

ナスは空気にふれるとアクが出てくるので、切ったらすぐに調理しましょう。そうすれば、アクぬきのために水につけなくてもだいじょうぶ！

❸ナスが熱いうちに、❶のマリネ液にひたす。

❹味がしみこんだら、できあがり。いろどりとして、赤や黄色のパプリカやゆでたブロッコリーをかざってもよい。

カボチャ

カボチャは、イモのなかまだと思われがちですが、ウリのなかまです。日本では、カボチャを冬至(12月22日ごろ)に食べる習わしがあります。最近は、ハロウィンのかざりとしても親しまれています。

知ろう

カボチャは、栄養を豊富にふくむ緑黄色野菜です。世界にはたくさんの種類があり、いろいろな色・形をした、おもしろいカボチャがあります。

茎・葉・花・実を見てみよう

カボチャはウリ科の植物なので、1つの株にお花とめ花がべつべつに咲きます（→3ページ）。カボチャがどんなふうに成長し、どんな実がなるのか、よく見てみましょう。

知ろう カボチャ

茎

茎は、水分や栄養分の通り道となるたいせつな部分。カボチャの茎の先はつる状になっていて、地面をはってのびていく。

葉

カボチャは、長い柄をもつ大きな葉で太陽の光をいっぱい浴びて育つ。葉には浅い5つの切れこみがあり、全体はハート形をしている。

花

黄色い大きな花を咲かせる。お花か、め花かは、花のつけ根がふくらんでいるかどうかで見わけられる（→37ページ）。

実

め花のつけ根にある子房がふくらんで、実になる。カボチャの実は、かたい表皮につつまれている。

カボチャの原産地

カボチャの原産地は南アメリカだといわれ、日本では、おもに西洋カボチャと日本カボチャが栽培されています。日本カボチャは、1542年に漂着したポルトガル船によってもたらされたカボチャです。西洋カボチャは、1863年にアメリカから伝わりました。ふだん店でよく売られているのが、この西洋カボチャです。ほかに、色や形がおもしろいペポカボチャという種類もあります。

日本カボチャ
実の表面がでこぼこしている。

西洋カボチャ
実の表面がなめらか。

ペポカボチャ
かわいい色と形をしている。

育てよう

カボチャはじょうぶで病害虫も少なく、育てやすい作物です。種から育てるのはむずかしいので、ここでは、苗を買ってきて植えつけます。

栽培カレンダー

カボチャは、ウリ科のなかでは、比較的冷涼な気候でも育つ野菜です。苗を4月末〜5月のはじめごろに植えつけると、夏から10月ごろまで収穫できます。

	植えつけ	収穫
1月		
2月		
3月		
4月	🌱	
5月	🌱	
6月		
7月		🎃
8月		🎃
9月		🎃
10月		🎃
11月		
12月		

※地域や品種によって多少のちがいがある。

準備するもの

- **カボチャの苗**
  ※鉢での栽培に適した小さい実がなる品種を選ぼう。

- **鉢**
  10号（直径30cm）くらいの大型のプラスチック鉢

- **鉢の底穴をふさぐネット**

- **鉢底石**

- **用土**
  赤玉土10、腐葉土3の割合でまぜた土

赤玉土 10 ／ 腐葉土 3

※「野菜の土」として園芸店で売られている培養土を使用してもよい。

- **元肥**
  苦土石灰　ひとにぎり
  化成肥料　ひとにぎり

- **追肥**
  化成肥料　ひとにぎり

- **支柱**
  長さ1.8mぐらいのものを4本

- **針金とひも**

育てよう カボチャ

❶ 苗を植えつける

トマトと同じように（→12ページ）用土を準備します。つぎに、鉢の底穴をネットでふさぎ、鉢底石をならべてから、用土を鉢の半分まで入れます。鉢の真ん中にカボチャの苗を置き、用土をつぎたしてしっかり植えつけます。

植えつけが終わったら、たっぷり水をやろう。

よい苗
- 葉は直径4～5cmで、厚みがある。
- 節*と節の間がつまっている。
- 茎が太くてしっかりしている。

まわりの土を苗によせるようにして植えつける。

苗を育てる

苗を育てる場合は、植えつけ予定日の1か月前に種をまきます。この時期はまだ寒い日が多いので、苗を育てている間は最低でも15～20℃で保温しなければなりません。種をまいて5日ほどすると、種をおしあげるようにして芽が出てきて、子葉（ふた葉）が開きます。つぎに本葉が出てきます。

店で売っている苗は、本葉が3～4枚の、もう植えつけてもいいぐらいまで育てられた苗です。

子葉（ふた葉）

カボチャの芽が出て、ふた葉が開く。

本葉

本葉が出てきた。

＊茎から葉が出ているところ。

❷ 支柱を立てる

カボチャは重い実をつけるので、支柱を4本しっかり立てます。支柱がぐらぐらしないようにするために、4本の支柱のまわりを針金でかこんでむすんでおきます。そして、茎を支柱にひもでむすびつけます。

> ひもを葉のつけ根に引っかけて、茎を支柱のほうに引きよせ、茎の周囲によゆうをもたせて8の字にむすぶ。

❸ わき芽をつみとる

しばらくすると、葉のつけ根からわき芽が出てきます。鉢で栽培するときは、中心の茎（親づる）だけをのばし、わき芽（子づる）はつみとります。

わき芽は手でつみとる（→14ページ）。

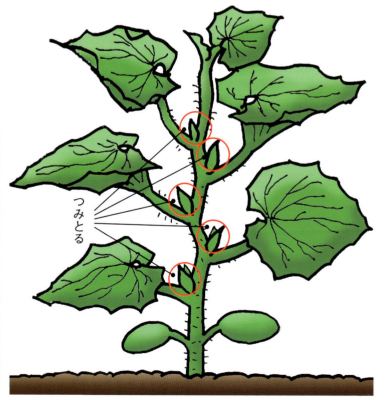

わき芽は、出たらすぐにつみとる。

❹ つるを巻きつける

親づるがのびてきたら、つるがらせん状に支柱に巻きついていくように仕立てます。これを「あんどん仕立て」といいます。

アサガオと同じ仕立てかたね！

❺ 花が咲く

植えつけて1か月ほどすると、花がつきはじめます。はじめてついため花（一番花）はつみとり、5番目の節以降につくめ花に実がつくようにします。

め花

お花

6番目の節と10番目の節のめ花が受粉したよ。

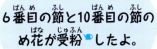

め花は花のつけ根がふくらんでいるが、お花はふくらんでいない。

? なぜ、一番花はつみとるの？

あまり早くに実をつけさせると、株が弱ってしまい、大きないい実ができないからです。お花は実をつけないので、つみとる必要はありません。

❻受粉させる

自然の中では、お花にあるおしべでつくられた花粉を体につけたミツバチなどの昆虫が、め花に飛んでいって花粉をめしべにつけることで受粉がおこなわれます。しかし、自然まかせではなく、確実に実をつけさせたいときは、人工授粉をしてみましょう。綿棒にお花の花粉をたっぷりつけて、め花のネバネバしためしべの先端（柱頭）につけます。

お花の中で花粉まみれのミツバチ。このあと、め花に飛んでいくことで、受粉の手伝いをしてくれる。

●人工授粉のやりかた

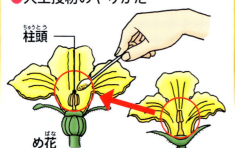

人工授粉は、朝9時ごろまでにしよう。おそくなると、花粉の力が弱くなるんだって。

め花は受粉すると、花がしぼみ、子房がふくらんで実になる（→7ページ）。

❼追肥

最初の実がついたら、実を大きく育てるために、追肥をします。化成肥料をひとにぎり、株の周囲の根元からはなれたところにまきます。

🌱育てかたのコツ

まんべんなく日光を当てる

カボチャの実は、まんべんなく太陽の光をうけて甘くなります。ときどき鉢を回して向きをかえ、実にまんべんなく日光が当たるようにしましょう。

⑧ 収穫

ミニカボチャは、受粉して1か月後ぐらいが収穫時期のめやすです。へたの部分をハサミで切って収穫します。

へたにコルク状の筋が入ったら収穫する。

もうすぐ収穫できるまで育ったカボチャ。

コルク状の筋って、このことだよ。

収穫したばかりのカボチャ。

ちょっとアドバイス
収穫したカボチャはすぐに食べずに、風通しのよいすずしい場所に2〜3週間おいておきましょう。そうすると、カボチャの甘みが増します。

観察しよう カボチャは熟したかな？

カボチャは、実が完熟してから収穫するとおいしく食べられます。へたを見る以外に、完熟したかどうかを見きわめるもう1つの方法があります。それは、カボチャの実につめを立ててみることです。カボチャの実は完熟すると、つめを立ててもきずがつかないほど皮がかたくなります。実につめを立ててみて、きずがつくかどうか観察してみましょう。

カボチャを畑で育てよう

大きな実がなる西洋カボチャを、畑で育ててみましょう。
つるをうまくはわせるのが栽培のコツです。

❶ うねをつくる

植えつけの2週間前に、苦土石灰を1m²あたり100g入れてよくたがやします。その1週間後、堆肥を1m²あたり2kg、化成肥料を80g入れてたがやし、長さ180cm、高さ15cmのうねをつくります。うねに90cm間かくで2つの穴をあけます。

❷ 苗を植える

苗をポリポットからとりだして植えつけます。そのあと、たっぷりと水をやります。

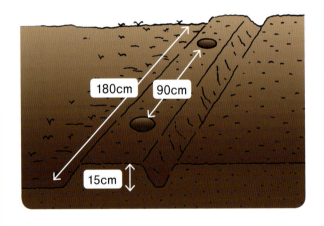

ちょっとアドバイス

植えつけ初期は、保温のために、2Lのペットボトルを半分に切ってキャップをはずし、上側をかぶせましょう。

❸ 誘引する

つるがのびてきたら、親づると子づる（→36ページ）を1本だけのこし、ほかの子づるはとりのぞきます。親づると子づるがからまないように気をつけて、同じ方向に導きます。この作業を「誘引」といいます。

つるが風にあおられないように、針金などで土に止める。

❹ 花が咲く

一番花と2番目に咲いため花はとりのぞきます。それ以降に咲いため花は、38ページと同じやりかたで人工授粉します。

大きな葉を出して成長したつるに、花がついた。

❺ 追肥

め花が受粉して小さな実がついたら、1株あたり30gの化成肥料を追肥としてあたえましょう。肥料は、根元ではなく、実がなっているあたりからつるがのびている畑全体にまき、土とよくまぜます。

❻ 収穫

実が大きくなってきたら、太陽の光をまんべんなく当てるために、実の向きをかえてやりましょう。この作業を「玉直し」といいます。花が咲いて45～50日くらいたったら、収穫しましょう。

注意しよう！ カボチャの病害虫

乾燥すると、葉の表面に白い粉をふりかけたようなところができ、株が弱ってくることがあります。これがうどん粉病です。そんなときは、つるや葉をとりのぞいて整理し、風通しをよくしましょう。また、カボチャはウリ科の野菜なので、ウリハムシがつきやすいです。見つけたらすぐに、とりのぞくようにしましょう。

うどん粉病にかかった葉。

カボチャの花を食べるウリハムシ。

楽しもう

食べる 丸ごと1個をつかったカボチャのハンバーグ

緑黄色野菜のカボチャで、栄養たっぷりのハンバーグをつくりましょう。

自分たちの手でカボチャを栽培したときだけの、とっておきの楽しみかたを2つ紹介します。楽しんだあとは、全部食べるようにしましょう。

器は、ハロウィンのカボチャ風！

材料（7～8人分）

カボチャ	1個
あいびき肉	500g
タマネギ（みじん切り）	1/2個分
ニンジン（みじん切り）	1/3本分
卵	1個
塩・コショウ	少々
サラダ油	適量

つくりかた

❶ カボチャは丸のまま、8分ほど電子レンジで加熱して切りやすくする。

❷ カボチャの上1/4を切って種をとりのぞき、中身をくりぬく。皮は、目、口の形に切りこみを入れる。

❸ くりぬいた中身を電子レンジで加熱してやわらかくし、つぶしておく。

❹ タマネギ、ニンジンはサラダ油でやわらかくなるまでいため、冷ましておく。

❺ ボウルにあいびき肉と、❸と❹、卵、塩・コショウを入れてよくまぜる。

❻ ❺を小さく丸め、サラダ油をひいたフライパンに入れて、中火で両面を焼く。

❼ ❻を、❷でつくった器にもりつければ、できあがり！

楽しもう カボチャ

つくる メッセージ・カボチャ

実践
鹿児島県
南さつま市立
久木野小学校

カボチャの実が小さいうちに文字をほってみましょう。実が大きくなると、文字がうきあがってきます！

やりかた

❶ 収穫予定日の1か月ほどまえに、実の表面に好きな文字や絵を、クギで浅くほりこむ。

ちょっとアドバイス
文字や絵は、直線的なもののほうがほりやすいでしょう。

収穫の日、メッセージ・カボチャをかかえて、みんなニコニコ！

❷ よく熟していることを確認して、収穫。

文字がコルク状になってうきあがってる！

❓ なぜ文字がうかびあがるの？

ちょうど人間の体がきず口にかさぶたをつくるように、カボチャがきず口をふさごうとするため、きずのところがもりあがっていくのだと考えられています。

栽培の用語集

ここでは、栽培に関する基本的な用語や、知っていると役に立つ用語などを説明します。

赤玉土
関東ローム層の赤土をふるい、つぶをそろえた土のこと。肥料分はふくまないが、水はけがよく、しかも必要な水分はたもつ性質がある。くだいたつぶの大きさで、大つぶ・中つぶ・小つぶに分けられる。鉢植えには、中つぶ・小つぶが適している。

油かす
ダイズやアブラナ、ゴマなどの実から油をしぼりとったあとのかすのことで、ゆっくりとききめがあらわれる肥料としてつかわれる。

一年草
種をまいて1年以内に花を咲かせて実をつけ、かれる植物。一年生植物ともいう。

（関連語→多年草）

うね
作物を栽培するために、列状に土をもりあげたところ。

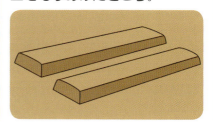

液体肥料
窒素、リン酸、カリウム（肥料の3要素）などをふくんでいる液体状の肥料のこと。植物が吸収しやすく、ききめがはやい。容器に書いてあるとおりにうすめてつかう。

（関連語→化成肥料）

害虫（病害虫）
植物に害をあたえるため、とりのぞかなければならない虫のこと。アブラムシ、ハダニのように植物について汁を吸う種類のものと、アオムシやヨトウムシ類のように茎や葉などを食べてしまう種類のものがある。

汁を吸うアブラムシ。

葉を食べるハスモンヨトウの幼虫。

化成肥料
窒素、リン酸、カリウム（肥料の3要素）などをあわせてつぶ状にした肥料。配合の比率によって、8-10-10のような表示がある（意味は、窒素8％、リン酸10％、カリウム10％）。液体肥料にくらべ、ききめはおそい。

（関連語→液体肥料）

株
根のついたひとまとまりの植物をさすときにつかうことば。

株間
作物の株と株との間かくのこと。作物によって適正な間かくがあり、種をまくときやまびきのときに間かくをととのえることで、作物の成長がそろう。

川砂
川やダムの底からとれる砂。水はけがとてもよい。

寒冷紗
うすい綿や麻の布、または網目がこまかい合成せんいの布。日よけや虫よけのほか、防寒・防風のためにもつかわれる。

苦土石灰

酸性の土を、植物が育ちやすい中性から弱酸性に調整するためにつかう石灰のひとつ。苦土はマグネシウム、石灰はカルシウムのこと。粉状よりもつぶ状の苦土石灰のほうが、土にまきやすくて便利。

光合成

根から吸いあげた水と空気中からとりいれた二酸化炭素を原料とし、日光のエネルギーをつかって葉の緑色の部分（葉緑体という細胞がある部分）で、でんぷんという養分をつくるはたらき。でんぷんは、葉をふやしたり茎をのばしたり、花や種をつけたりするためにつかわれる。

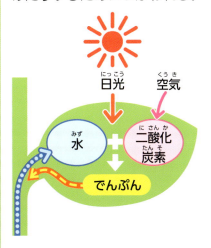

さし木・さし芽

植物をふやす方法のひとつ。枝を切りとり、それをさし木・さし芽用土にさしこむように植え、根を出させて新しい苗をつくる。

直まき

畑やプランターに直接種をまくこと。

受粉

おしべの花粉がめしべの先につくこと。受粉すると、めしべのつけ根の部分が実になり、種ができる。受粉するには、虫のからだについた花粉がついたり、風でとばされた花粉がついたりする（自然受粉）ほか、人が受粉の手助けをする方法（人工授粉）もある。

すじまき

種まきの方法のひとつで、間かくを決めて一直線に種をまく方法。まびきや追肥などの作業がしやすいという利点がある。ニンジンやゴボウなど、多くの野菜に用いられるまきかた。

堆肥

ワラ・落葉・生ゴミ・動物のふんなどの有機物を堆積して、発酵させた肥料のこと。微量だが植物の生育に不可欠な要素（微量要素）をふくみ、通気性、水はけ、水もちといった土の質をよくする効果がある。

多年草

花が咲いたあと、地上の部分がかれても根はかれず、春に新芽を出してまた成長する植物。多年生植物ともいう。

（関連語→一年草）

追肥

作物の成長に応じて必要な養分をおぎなうために、追加であたえる肥料のこと。おもに液体肥料がつかわれるが、化成肥料をつかうこともある。

（関連語→液体肥料、元肥）

点まき

種まきの方法のひとつで、間かくを決めて1か所に数つぶの種をまく方法。ダイコンなど大きく成長する植物で、間かくをあけて栽培するほうがよい野菜に向いているまきかた。

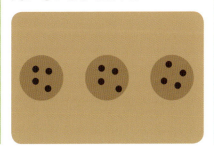

培養土

植物にあわせて、赤玉土や堆肥、苦土石灰などをまぜあわせ、そのまますぐに使用できるようにした用土のこと。培養土をつかえば、自分で土を配合する手間がはぶける。肥料をあらかじめまぜこんであるものと、まぜこんでいないものがある。

鉢

種をまいたり苗を植えたりするための園芸用の容器のこと。大きさは号数であらわされ、号数×3cmが鉢の直径となる。材質は、大きく分けて、プラスチックの鉢と素焼き（テラコッタ）の鉢がある。それぞれの特徴はつぎのとおり。

- プラスチック：安価で軽い。鉢自体は水分をたもつことができない。通気性が悪くなりやすい。長くつかううちに、自然といたんでくる。
- 素焼き：比較的高価で重い。通気性がよく、鉢自体が水分をたもつことができる。しめった状態でおいておくとかびたり、寒いときは鉢に吸収された水分がこおってひびわれたりする。

（関連語→プランター）

プラスチック　　素焼き

号数	直径	号数	直径
3号	9cm	8号	24cm
4号	12cm	9号	27cm
5号	15cm	10号	30cm
6号	18cm	11号	33cm
7号	21cm	12号	36cm

※鉢に入る土の量は、鉢の深さや用土の種類、鉢底石の量によってことなる。

鉢底石

水はけと通気性をよくするために、用土を入れる前に鉢の底にしく軽い石のこと。

ばらまき

種まきの方法のひとつで、全面に種をまく方法。1つぶずつまくのがむずかしいような、小さな種をまくときにつかわれるまきかた。1か所に種がかたよらないように、気をつけてまく必要がある。

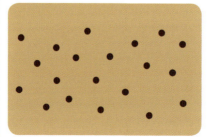

腐葉土

かれ葉などをくさらせたもの。栄養分が豊富。

プランター

種や苗を植えるための容器。野菜を育てるには、たて30cm×横70cm×深さ25cmくらいある大型のものが適する。草花を育てるには、もうひとまわり小さくてもよい。

（関連語→鉢）

ポリポット

ポリエチレン製のやわらかくて軽い鉢で、苗を育てるときにつかう。ビニールポットともいう。

元肥

種をまいたり苗を植えたりする前に、あらかじめ用土にあたえておく肥料のこと。「基肥」とも書く。

（関連語→苦土石灰、化成肥料、追肥）

さくいん

あ
- あんどん仕立て……………………… 37
- 一番だし……………………………… 21
- 一番花………………………… 27、37、41
- 1本仕立て…………………………… 14
- ウリ……………………………………… 3
- ウリ科………………… 3、7、32、34、41
- 大玉トマト………………………… 9、16、17
- オクラ………………………………… 3、6
- おしべ………………… 2、3、7、8、17、28、38
- お花…………………… 3、6、7、33、37、38
- 親づる………………………… 36、37、40

か
- 花房……… 8、9、11、13、15、17、18、19
- カボチャ……………………… 3、6、32〜43
- キュウリ………………………………… 3
- グリーンゼブラ………………………… 9
- 原産地…………………………… 9、23、33
- ゴーヤ………………………………… 3、7
- 子づる……………………………… 36、40

さ
- 3本仕立て…………………………… 28
- サンマルツァーノ……………………… 9
- しきワラ…………………………… 18、27
- シシトウ………………………………… 2
- 下葉かき……………………………… 19
- 子房………………… 7、17、28、33、38
- 主枝………………………… 14、16、28
- 受粉……………… 7、17、28、37、38、41
- 子葉…………………………… 11、35
- 人工授粉………………………… 38、41
- スイカ…………………………………… 3
- 西洋カボチャ…………………… 33、40

た
- 種………………………… 6、7、11、35
- 玉直し………………………………… 41
- つぎ木苗……………………………… 25
- 摘心…………………………………… 16
- トウガラシ……………………………… 2
- トマト……………………… 2、7、8〜21

な
- 苗…………… 6、11、12、13、25、26、35
- 長ナス………………………………… 23
- ナス………………………… 2、7、22〜31
- ナス科…………………………… 2、8、25
- 日本カボチャ………………………… 33

は
- 鉢底石……… 10、12、24、26、34、35
- 花……… 2、3、6、7、8、17、22、28、33、37、41
- パプリカ………………………………… 2
- ピーマン……………………………… 2、7
- 米ナス………………………………… 23
- ヘチマ…………………………………… 3
- ペポカボチャ………………………… 33
- 本葉……………………………… 11、35

ま
- まびき………………………………… 17
- 丸ナス………………………………… 23
- ミニトマト………………… 9、16、17、18
- めしべ…………… 2、3、7、8、17、28、38
- め花…………… 3、6、7、33、37、38、41
- メロン…………………………………… 3

や
- 葉脈……………………………… 22、23

ら
- 冷凍トマト…………………………… 20
- 連作障害……………………………… 25

わ
- わき芽………………… 14、16、27、36
- わき芽かき…………………………… 27

■監修
日本農業教育学会

幼児から小・中・高等学校、専門学校、大学および社会人に対して農業の多面的な機能に関わる研究教育活動をしている学会。幼稚園や小中学校等での食農教育、環境教育、中学校での「生物育成に関する技術」、高校、専門学校、大学等での専門教育・職業教育について、教育方法、栽培技術、教材開発などの研究、地域活動の支援など幅広い分野の活動をおこなっている。本学会創立50周年を記念して本書を監修。

担当：柳　智博（香川大学農学部教授）

■編／デザイン
こどもくらぶ
石原尚子
長江知子

■編集協力
高野雅裕

■イラスト（栽培）
奥山英治

■イラスト（キャラクター）
花島ゆき

■取材・写真協力
鹿児島県南さつま市立久木野小学校

■写真協力
アイリス家庭菜園ドットコム、奥山英治、
日本デルモンテアグリ（株）、JAさが、
上西産業、タキイ種苗（株）、
フォトライブラリー、
楽天ブログ「暇人主婦の家庭菜園」根岸農園、
©DLeonis、©Patryssia、
©jpbadger、©kogamomama、
©aki、©marucyan、©shibachuu、
©moonrise、©kei u - Fotolia.com

■写真撮影
吉澤光夫

■制作
（株）エヌ・アンド・エス企画

めざせ！栽培名人　花と野菜の育てかた③　実を食べる野菜　トマト・ナス・カボチャ　　N.D.C.626

2015年4月　第1刷発行　　2024年10月　第3刷

監修	日本農業教育学会
編	こどもくらぶ
発行者	加藤裕樹　　編集　田之口正隆
発行所	株式会社ポプラ社
	〒141-8210　東京都品川区西五反田 3-8-5　JR目黒MARCビル12階
	ホームページ www.poplar.co.jp
印刷	大日本印刷株式会社
製本	株式会社ブックアート

Printed in Japan
●落丁本、乱丁本はお取り替えいたします。
　ホームページ（www.poplar.co.jp）のお問い合わせ一覧よりご連絡ください。
●本書のコピー、スキャン、デジタル化等の無断複製は著作権法上での例外を除き禁じられています。
　本書を代行業者等の第三者に依頼してスキャンやデジタル化することは、たとえ個人や家庭内での利用であっても著作権法上認められておりません。

47p 29cm
ISBN978-4-591-14352-0

めざせ！栽培名人 花と野菜の育てかた 全8巻

監修 日本農業教育学会

N.D.C. 620

- 花と野菜の育てかたの手順を、写真やイラストでわかりやすく説明しています。
- 育てかたのコツや、注意するポイントなども掲載しています。
- コピーして記入できる「栽培計画表」「観察ノート」がついています。
- 育てた花や野菜をつかった料理・工作・実験なども紹介しています。

① 種で育てる花 N.D.C. 627
アサガオ・ヒマワリ・ホウセンカ

② 球根・宿根で育てる花 N.D.C. 627
チューリップ・スイセン・キク

③ 実を食べる野菜 N.D.C. 626
トマト・ナス・カボチャ

④ 葉を食べる野菜 N.D.C. 626
キャベツ・ホウレンソウ・モロヘイヤ

⑤ 花や芽を食べる野菜 N.D.C. 626
ブロッコリー・アスパラガス・ミョウガ

⑥ 根や茎などを食べる野菜 N.D.C. 626
ダイコン・ゴボウ・タマネギ

⑦ 多肉植物 N.D.C. 627
アロエ・サボテン・シャコバサボテン

⑧ ハーブ N.D.C. 626
バジル・パセリ・シソ・ローズマリー

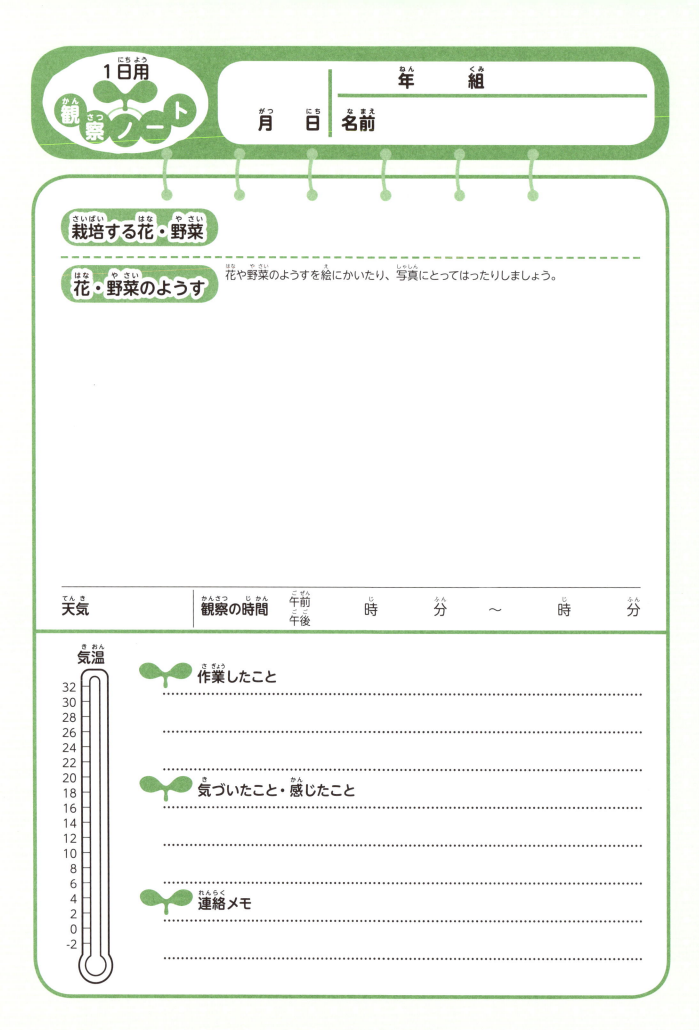